——标准用语与权威发布

程水源 等◎编著

中国农业出版社

北　京

图书在版编目（CIP）数据

硒之科普：标准用语与权威发布 / 程水源等编著
. —北京：中国农业出版社，2019.8（2019.11重印）
ISBN 978-7-109-25862-4

Ⅰ.①硒… Ⅱ.①程… Ⅲ.①硒—普及读物 Ⅳ.
①Q613.52-49

中国版本图书馆 CIP 数据核字（2019）第 182289 号

中国农业出版社出版

地址：北京市朝阳区麦子店街 18 号楼
邮编：100125
责任编辑：赵　刚
版式设计：韩小丽　　责任校对：吴丽婷
印刷：中农印务有限公司
版次：2019 年 8 月第 1 版
印次：2019 年 11 月北京第 2 次印刷
发行：新华书店北京发行所
开本：700mm×1000mm　1/32
印张：3
字数：46 千字
定价：35.00 元

硒科普系列丛书

编委会主任：程水源

编委会委员（按姓氏笔画排序）：

丁文平　于　添　王海滨　王璋倩

丛　欣　许　锋　李　丽　李书艺

李建芬　李康乐　李琳玲　何　毅

何静仁　张绍鹏　张祖清　陈季旺

金伟平　胡依黎　祝振洲　董静洲

程　华　蔡　杰　廖　鄂

《硒之科普——标准用语与权威发布》

主　　编：程水源

编著人员（按姓氏笔画排序）：

丁文平　于　添　王海滨　王璋倩

丛　欣　朱云芬　许　锋　李　丽

李　珺　李书艺　李建芬　李康乐

李琳玲　何　毅　何静仁　张绍鹏

张祖清　陈季旺　金伟平　胡依黎

祝振洲　夏曾润　唐德剑　董静洲

程水源　蔡　杰　廖　鄂　薛　华

编著单位：

国家富硒农产品加工技术研发专业中心
（武汉轻工大学—恩施德源）

硒科学与工程学科（武汉轻工大学）

恩施州硒资源保护与开发中心

恩施土家族苗族自治州科学技术协会

富硒食品开发国家地方联合工程实验室（陕西安康）

农业农村部富硒产品开发与质量控制重点实验室
（陕西安康）

国家富硒产品质量监督检验中心（湖北）

恩施德源健康科技发展有限公司院士专家工作站

中硒健康产业投资集团股份有限公司（湖北恩施）

湖北省绿色富硒农产品精深加工工程技术研究中心
（武汉轻工大学）

序　言　一

这个世界上，总有一些人在为你想要的生活而奋斗！

硒，人体所必需的微量元素；硒，人体不可自生的健康要素。200多年来，人类有过惊喜的发现，有过错误的认知，但在"硒"望的田野上，我们从未止步。

受邀为《硒之科普—标准用语与权威发布》（以下简称"硒之科普"）作序，一来基于这些年来我对硒的认知；二来，我看到了一群为了人类健康福音而孜孜以求的先锋者，欣然为之！

三十年来，尤其是近五年，以硒为核心要素的硒产业在全国如雨后春笋般冒出头来，以"硒＋X"为发展模式的大健康产业呈现勃勃生机。湖北省硒产业已上升为省级战略，恩施州硒产业发展走在全国的前列。完全可以如是说：硒产业在乡村振兴、精准扶贫、供给侧结构性改革、健康中国战略中地位凸显，中国乃至全世界都掀起了一股硒业弄潮：说硒话、谋硒事、图硒景、做硒人。

但在硒产业发展一片大好的形势下，也出现了一些市场乱象，如过分炒作概念、宣传夸大其词、产品良莠不齐甚至假冒伪劣、质量认证与追溯欠缺、标准与规程缺失等问题，严重阻碍了硒产业的健康发展。鉴于此，国家富硒农产品加工技术研发专业中心（以下简称"国硒中心"），背负国家使命，肩担民族重托，从源头抓起，认真做好硒科学普及工作，先后出版了《硒科普系列丛书》及《硒科普52问》，对人们认识硒、研究硒、利用硒发挥了积极的推动作用。但从市场认知整体效果来看，硒科普仍任重而道远。

路漫漫其修远兮，吾将上下而求索。为了更好地做好硒科普、发展硒产业，以国硒中心主任程水源教授为主的科研团队，联合全国致力于硒事业的功能机构及有识之士，从硒科普的角度出发，编写了这本《硒之科普》，旨在进一步规范硒的宣传、严谨硒的术语、格式硒的用法、科学硒的功能、统一口径和标准，引导硒产业健康有序发展。

《硒之科普》从硒之誉称、发现、人物、病例、功能、分布、形态、代谢到硒之科研、平台、产业、标准、检测、认证、产品、市场再到硒之品牌、文化、科普、规划、学科、英文、未来等23个方面来诠释硒，既系统全面，又简单明了；既规范严谨，又通俗可读，具有较强的实用性和权威性，是目前硒科研、硒科普、硒产业、硒文化不可多得的标准读本之一，势必对硒产业的科学发展起到积极作用。

潮涌海天阔，扬帆正当时。《硒之科普》的付印出版，值得期待，值得点赞！

正所谓：硒之科普立潮头，硒之影响遍九州，硒之标杆成梦想，硒之追求更上楼！

国硒中心　顾问
湖北省人民政府原副省长
武汉大学教授、博士生导师

2019 年 8 月 1 日

序 言 二

与君相识久，仍欲肺腑倾。

屈指数来，认识武汉轻工大学的程水源博士已近二十载。他长期从事银杏研发工作，在银杏叶有效药用成分黄酮和萜内酯研究方面取得了丰硕成果，在我为会长的中国银杏研究会中任副会长，并受聘南京林业大学兼职博导，联合开展博士生培养工作，为人、为事、为学皆本真。

听说和见证程博士致力于硒的研究和硒产业发展则是近五年之事。2015 年 7 月，他挂职湖北省恩施州副州长，主管硒产业，后来许多硒的故事便与他有关。在恩施期间，他提出了"硒＋X"产业发展模式，指出了硒产业发展的八条路径，建立了硒产业 4.0 的概念，在硒科普、硒品牌、硒文化等方面也进行了有益探索，极大地推动了恩施硒产业的发展壮大，使硒产业成为恩施州的主导产业和湖北省特色经济增长极，并为硒产业顺利升级为湖北省省级战略做出了巨大贡献。

2018 年元月回校工作后，水源博士并没有放弃硒研究与硒产业，仍然带领他的团队在硒的征程中赓续前行、奋楫争先。先后成立了全国第一个涉硒院士专家工作站；获批了全国第一个硒学科——硒科学与工程，从 2019 年开始正式向海内外招收学术型硕士研究生；建立了硒产业领域全国第一个硒产品加工专业中心——国家富硒农产品加工技术研发专业中心（武汉轻工大学）（以下简称"国硒中心"），全方位地开展硒学研究、人才培养、产品研发、标准制定、功效评价等。

本人与硒结缘肇始于此。国硒中心（武汉轻工大学）正式聘请我为国硒中心学术委员会主任委员后，我主持和参加过国硒中心的相关学术活动，审查和修订过国硒中心的发展规划、研究方向、项目计划等，平时还就一些具体问题作了一些咨询和指导。在此期间，本人对以国硒中心程水源博士为主任的团队进行了近距离的审视，其敬业、专注、严谨的学术精神和工作作风令我深有触动、颇为感动。专业人做专业事，本人深信，硒作为人体必需的微量元素和健康要素，必将在健康中国中大有作为，大放异彩。基于此，水源博士邀我为其新作《硒之科普——标准用语与权威发布》作序，我欣然应允，并伏案挥就上述文字，以资鼓励，聊以共勉！

兹以为，硒产业发展，硒的研究是基础，硒的创新是引擎，硒的应用是目的，硒的标准是关键，硒的文化是软实力，硒的科普是前提，而《硒之科普——标准用语与权威发布》则为前提之前提。

是为序。

国硒中心学术委员会主任委员
南京林业大学原校长 教授 博士生导师
中国工程院院士

2019 年 8 月 16 日

目录

序言一
序言二

一

硒 之 誉 称

硒是一种非金属化学元素，化学符号是 Se，原子序数是 34，在化学元素周期表中位于第四周期 VIA 族。作为与人体生命活动息息相关的健康元素，硒对身体的正常生理活动起着至关重要的作用，尤其是对心血管疾病、肝病、糖尿病、癌症、胃肠道溃疡、前列腺增生和白内障等病症均有较好的预防及辅助治疗作用。硒在国内外医药界和营养学界被称为"生命的火种""健康的卫士"，享有"长寿元素""抗癌之王""心脏守护神""血管清道夫""肝的保护因子""天然解毒剂"等美誉。

硒 之 发 现

1817 年，瑞典科学家永斯·雅各布·贝采利乌斯（瑞典语：Jöns Jakob Berzelius）（1779—1848）发现硒元素，后以希腊月亮女神之名（Selene）将其命名为硒（Selenium）。硒从人类首次发现至今，已经历了 200 多年历史。

1836 年，首个有机硒化合物二乙基硒醚被合成。直到 1973 年，有机硒的合成有了突破性的进展，这一年被誉为近代有机硒化学的诞生之年，是有机硒化学发展史上的里程碑。同年，世界卫生组织（WHO）宣布：硒是人体必需的微量元素之一。

1957 年，Mills 发现谷胱甘肽过氧化物酶（Glutathione Peroxidase，GSH-Px）。在 1973 年，Rotruck 等和 Flohe 等分别证明 GSH-Px 为含硒酶，1978 年 Forstrom 等人证实 GSH-Px 的活性中心为硒代半胱氨酸（Selenocysteine，SeCys）。

1980 年，中国营养学家杨光圻证实克山病、大骨节病与地方性缺硒有关。"硒与克山病"关系的研究于 1984 年获得国际生物无机化学家协会授予的"施瓦茨（Schwarz）奖"。

二、硒之发现

1986 年，Chambers 等人提出硒代半胱氨酸是蛋白质中硒的主要存在形式，是由密码子 UGA 编码完成。

1987 年，湖北省地质部门在中国湖北恩施市渔塘坝探明硒矿床，改写了"硒不能独立成矿"的结论，渔塘坝成为迄今为止世界上已知最大、富集程度最高的独立硒矿床所在地。2011 年 9 月 19 日在恩施市召开了第十四届国际人与动物微量元素大会（简称 TEMA14），大会委员会授予恩施市"世界硒都"称号。

1988 年，中国营养学会将硒列为每日膳食营养素之一。

1994 年，中国科学家张劲松和高学云发现了纳米级的红色单质硒微粒，最后定名为纳米硒（Nano-selenium）。

1996 年，中国科学家于树玉主持的"硒与肝癌防治"研究再次获得国际生物无机化学家协会授予的"施瓦茨（Schwarz）奖"。

至今，含硒产品已成为市面上随处可见的营养补充剂。

硒 之 人 物

1. 瑞典化学家 Berzelius（贝采利乌斯）于 1817 年从硫酸厂的红色废泥中发现了微量元素——硒，以希腊月亮女神赛琳娜（Selene）的名字命名为"硒"。

2. 美国威斯康星大学 Clayton 和 Baumann 于 1949 年首次报告饲料中添加一定量的硒能防止二甲基氨基苯对大鼠的致结肠癌作用，为硒与癌症的关系提供了依据。

3. 美国营养学家 Schwarz 于 1953 年发现"Factor-3"，能预防大鼠营养性肝坏死，并鉴定出"Factor-3"含硒，是活性最好的硒形式之一。

4. 美国德克萨斯大学医学分部 Mills 和 Randall 于 1957 年首次发现哺乳动物体内第一个被公认的含硒酶——谷胱甘肽过氧化物酶（GSH-Px）。

5. 美国国立卫生研究院 Schwarz 和 Foltz 于 1957 年研究发现硒对肝脏有很强的保护作用，首次发表了硒具有动物营养作用的报告，成为近代生物微量元素研究的重大突破性成果。

6. 20 世纪 80 年代中国预防医学科学院杨光圻研

究员揭示了 1961—1964 年湖北省恩施爆发的原因不明的脱发掉甲病是由于石煤含硒量高所致的硒中毒；还指出缺硒是克山病的生物地球化学因素，但克山病是一种由多因素引起的营养缺乏病，这一发现受到国际关注。他用自创的方法测定人体膳食硒的最低需要量、适宜需要量和最大安全摄入量，为地方病的预防及膳食推荐量的制定提供了科学依据。

7. 美国洛斯维·帕克纪念研究所 Shamberger 于 1969—1971 年研究指出低硒地区及血硒低的人群中癌证发病率高，消化道癌及乳腺癌尤为显著，是最早的有关硒与癌症关系的研究。

8. 1972 年美国威斯康星大学 Rotruck 博士等人提出硒是谷胱甘肽过氧化物酶的重要组成部分，该酶与免疫、衰老、抗氧化、抗癌密切相关，从而在分子机制上确立了硒是人体必需的微量元素。

9. 德国 Forsfrom 和 Tappel 于 1973 年证实谷胱甘肽过氧化物酶的活性中心是硒代半胱氨酸（SeCys）。

10. 美国亚利桑纳大学癌症中心 Clark 教授在 1983—1991 年的研究中，发现每日补硒 200 微克可使癌症死亡率降低一半，总癌发病率下降 37%，其中肺癌下降 46%，前列腺癌下降 63%，结直肠癌下降 58%。

11. 西安交通大学莫东旭、徐光禄、王治伦三位教授致力于大骨节病、克山病及地方病防治研究 60

年，在硒与地方病的关系及预防与治疗地方病方面做出了突出的贡献，相关研究于 1996 年荣获国际生物无机化学协会授予的"施瓦茨奖"。

12. 中国医学专家于树玉于 1986—1994 年发现补硒可使肝癌发生率下降 35%，使有肝癌家庭史者发病率下降 50%，关于硒预防肝癌的突破性科研成果，于 1996 年荣获国际生物无机化学协会授予的"施瓦茨奖"。

13. 1992 年营养学家于若木在科技日报撰文，发出"要像抓补碘一样抓补硒!"的呼吁，得到广泛认同。

14. 中国微量元素研究会会长陆肇海研究表明，硒对心脑血管疾病如高血压、冠心病、脑梗、心梗等都有很好的治疗效果，并且疗效稳定。

15. 中国工程院院士卢良恕于 2005 年 1 月 18 日在人民大会堂全国补硒工作会上指出，人体内含硒量的多少，跟细胞的恶变、甲状腺功能降低、高血压、哮喘等多种疾病有相当的关系；人体 40 多种疾病的根本原因是缺硒。

16. 2016 年，"功能农业"之父中国科学院院士赵其国在其著作《功能农业》提出"农业产品要走向营养化和功能化"的论断。其以"隐性饥饿"形象地比喻人们对重要微量元素的缺乏。硒产业是功能农业的重要组成部分和主要抓手。

17. 中国科学院院士倪嘉缵课题组长期研究硒蛋

白的提取、分离、克隆、表达、结构与功能以及用生物信息学对不同物种中硒蛋白进行预测等。

18.20 世纪 80 年代华中科技大学徐辉碧教授的团队阐明了硒的抗癌作用与提高免疫功能和清除自由基三者的联系，在中国首次成功研制硒眼药和硒酵母，被誉为中国硒研究发起人之一。

19.2011 年，美国康奈尔大学教授雷新根发表了硒与硒蛋白抗氧化功能和诱导自由基的双重性，以及诱发糖尿病的风险及机制。

20.武汉轻工大学教授程水源构建"硒＋X"产业发展新模式，提出硒产业 4.0 时代新概念，创建国家第一个交叉学科——硒科学与工程（Selenium Science and Technology）、第一个国家硒产业科研平台——国家富硒农产品加工技术研发专业中心、组建全国首家涉硒院士专家工作站——恩施德源健康产业集团院士专家工作站。

四

硒之病例

大量研究已经证实，硒摄入不足将会导致多种疾病的发生，诸如克山病、大骨节病、肝脏疾病和恶性肿瘤以及机体免疫力减退等。当一次性摄入过高剂量的无机硒（$\geqslant 20mg/kg$）或长时间摄入 $5\sim 20mg/kg$ 水平的无机硒，就会引起急性或慢性中毒症状，诸如脱毛、脱甲、四肢皮肤灶状充血、肿胀、溃疡、知觉迟钝、四肢麻木、全身瘫痪等。

（一）硒缺乏

硒缺乏所引起的疾病，最为人所知的就是克山病（Keshan disease）和大骨节病（Kashin-Beck disease）。克山病亦称地方性心肌病，主要分布于我国的低硒地带。患者主要表现为急性和慢性心功能不全，心脏扩大，心律失常以及脑、肺和肾等脏器的栓塞等症状。克山病经系列的研究调查显示，缺硒与该病的发生具有统计学意义，并通过补硒预防取得了明显的效果。现已证实，硒缺乏附加某种因素的 SeD＋α 模式是克山病发生的主要原因。大骨节病是一种地方性、慢性和变形性骨关节病，国内又叫矮人病、算盘珠病等，主要分布于西伯利亚东部和朝鲜北部，在我国分布范围较大，从东北到西南的广大地区均有发病，主要发生于东北三省、陕西、山西等地，多分布于山区和半山区，平原少见。大骨节病在临床上表现为多发性、对称性关节受累，患者多在 5 岁甚至更早出现手指、脚趾及邻近关节变形，甚者腿部畸形及类骨关节炎症状。多数研究认为，硒的缺乏和谷物污染是大骨节病的主要环境风险因素，多个环境和遗传因素同时相互作用与大骨节病相关。

硒缺乏还会引起其它多种生理功能异常：①免疫功能减退：大量研究显示，硒缺乏伴随着免疫功能的丧失，细胞免疫和体液免疫均被削弱。相反，补充硒显示出免疫刺激的效应，如增强活化 T 细胞的增殖等。此外硒对免疫细胞可能也有重要的功能性作用。②增强病毒感染能力：硒缺乏与某些病毒感染的发生、毒性或疾病的进展有关。硒可能是 HIV 感染患者的一个重要的营养素，对体外 HIV 复制有强大的抑制作用。另外，有研究表明，硒对肝炎病毒（B 或 C）感染的患者也有保护作用。③生殖细胞异常：硒对有效生殖非常重要。动物实验发现，低硒饮食导致精子结构异常，且可导致尾部断裂及活动性变差，这样就致使受精率降低。另外，睾酮生物合成以及精子的正常发育也需要硒。④肝损伤和肝坏死：谷胱甘肽过氧化物酶（GSH-Px）是以硒代半胱氨酸为活性中心的硒酶，在机体中是氧化防御系统关键的酶类，尤其是在肝脏中，清除自由基能力的发挥对肝脏起到保护作用，当食物中硒含量较低以及其他营养不良时，酒精诱发肝脏疾病的几率会增大。⑤心脑血管疾病：硒缺乏时，体内过氧化物和氧化物堆积，引起血管内皮细胞破裂，使血小板易于附着和聚集在血管壁上，造成血栓形成。同时，人类血小板中 GSH-Px 活性特别高，对硒的需要量很大，当硒缺乏时，血小板集聚性增强，同时，硒的缺乏导致 GSH-Px 活性大大降低，磷脂和脂蛋白的胆固醇酯发生过氧化产生的低密度脂蛋白在动脉管壁大量聚集，被巨噬细胞和平滑肌细胞氧化吸收后，形成泡沫细胞和粥样斑块，从而导致动脉粥样硬化。

（二）硒过量

目前由高硒摄入引起的急慢性硒中毒症状多为无机硒的过量摄入导致的地方性疾病，由于摄入过量有机硒而导致的急慢性中毒案例还未见报道，这表明硒的形态对硒的毒理学性质有着重要的影响。目前有关硒中毒的报道主要出现在湖北恩施、陕西紫阳等高硒地区，中毒人群往往在长时间内以无机硒含量较高的玉米、小麦等为主食，且饮食结构单一，造成血硒水平长期超标，导致硒中毒。进入 21 世纪以后，随着生活水平的提高，当地居民的饮食逐步多样化，高硒地区硒中毒的状况也鲜见报道。

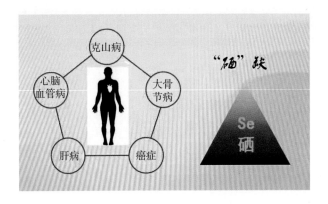

五

硒 之 功 能

（一）抗氧化活性

硒代氨基酸是谷胱甘肽过氧化物酶（GSH-Px）的活性部位，其在机体抗氧化代谢过程中主要用于清除自由基、防止脂质过氧化物的产生。

（二）免疫调节

硒能增强机体的非特异性免疫功能，其通过对巨噬细胞、T淋巴细胞、B淋巴细胞、NK杀伤细胞、LAK杀伤细胞，以及胸腺的调节来进行免疫调节。

（三）抗肿瘤作用

硒是世界上公认的具有极强抗肿瘤活性的元素，其对多种肿瘤具有防治效果，可有效预防肝癌、胃癌、结肠癌、乳腺癌等多种癌症的发生。尤其是在肿瘤发生发展的不同阶段，包括癌症恶化的早期和后期，硒对机体都可以起到保护作用。

（四）解毒功能

硒还具有一定的解毒功能。机体细胞中的有机硒可以拮抗并降低镉、铅、汞等重金属对肺、胰脏、肾脏、肝脏的氧化损伤，同时还能够预防卵巢、胎盘的坏死及神经毒性。

（五）其他功能

硒还具有修复细胞、抗辐射、保护心血管、保护肝脏、帮助恢复胰岛功能、改善视力、提升生殖系统机能等功能。

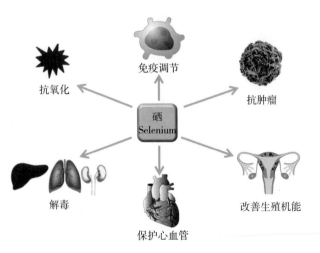

六

硒 之 分 布

硒在自然界呈点状分布。独立硒矿床分布极少，硒资源主要存在于综合性的矿床中，其中主要成矿类型为斑岩铜矿和铜钼矿床。世界范围内富硒国家为日本、德国、比利时、加拿大、俄罗斯、智利、芬兰、菲律宾等。我国是世界范围内地理环境硒缺乏范围最广、缺硒程度最严重的国家之一。我国地壳中硒的平均丰度为 0.058mg/kg，低于地球地壳硒的平均值 0.070mg/kg。我国有 70% 以上的耕地处于不同程度的缺硒状态，其中约 30% 的耕地严重缺硒。湖北、陕西、湖南、浙江、江西、四川、重庆、广西、广东、海南、贵州、福建、江苏、甘肃、北京、河北、河南、宁夏、黑龙江、云南等 24 个省份存在天然的富硒土壤。其中最为典型的是湖北省恩施市。位于恩施市鱼塘坝及双河的硒矿，一般含硒量为 0.004 7%～0.035%，局部高达 0.112%～0.54%，平均为 0.008 4%，是地球硒克拉克值的 1 628 倍，因此是全球最高的含硒区。恩施市也因此于 2011 年被第十四届国际人与动物微量元素大会授予"世界硒都"称号。

六、硒之分布

　　李海蓉等通过文献调研绘制了我国硒元素生态景观类型图，见下图。

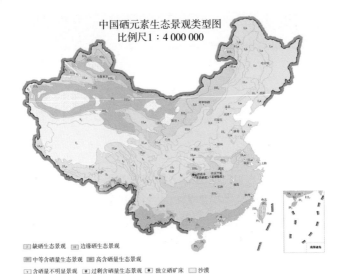

中国硒元素生态景观类型图
比例尺1：4 000 000

硒 之 形 态

1. 硒的形态 指硒元素以不同的同位素组成、不同的电子组态或价态以及不同的分子结构等存在的特定形式，分为物理形态和化学形态。

2. 硒的物理形态 指硒元素在食品及药品中的物理状态，例如，溶解态、胶体和颗粒状。

● 纳米硒：采用纳米技术制备的硒体系，具有高生物活性及低毒性。根据制备方法的不同分为蛋白质类、碳水化合物类、多酚类及其他纳米硒体系；根据外形外貌分为硒纳米球、硒纳米线、硒纳米管等。在食品及药剂治疗领域常采用硒纳米球体系。

3. 硒的化学形态 指食品及药品中硒元素以某种离子或分子的形式存在，例如，硒元素的价态、结合态、聚合态及其结构，分为无机硒和有机硒。有机硒具有高生物活性及低毒性，在动物消化道系统易吸收。

（1）无机硒：主要指以无机盐形式存在的硒，例如，硒酸钠、亚硒酸钠。

（2）有机硒：主要指以有机物形式存在的硒。根据硒结合的有机物分为硒蛋白、硒肽、硒代氨基酸、硒多糖等。

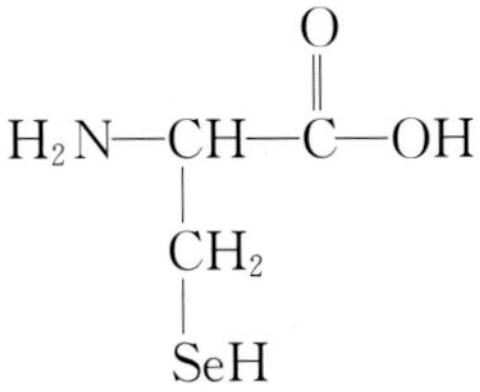

$$H_2N-CH-C-OH$$

硒代半胱氨酸（SeCys）

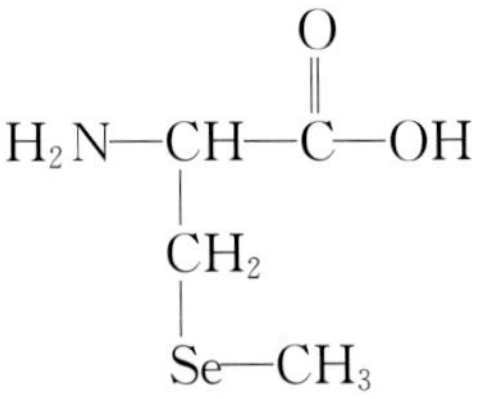

$$H_2N-CH-C-OH$$

甲基硒代半胱氨酸（MeSeCys）

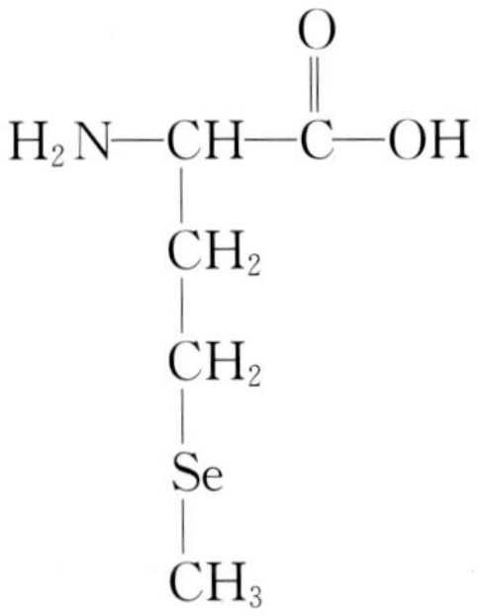

$$H_2N-CH-C-OH$$

硒代蛋氨酸（SeMet）

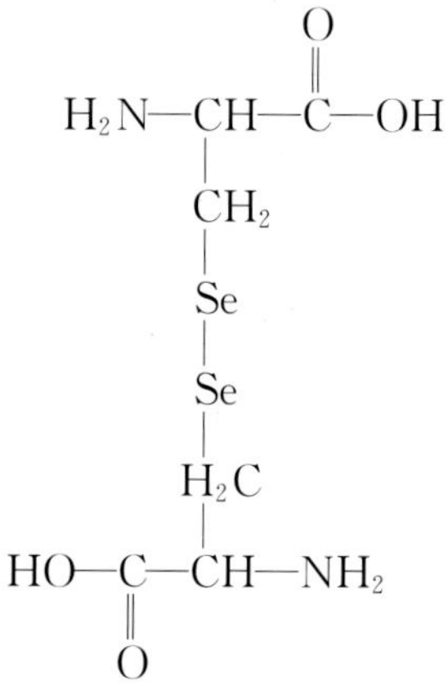

$$
\begin{array}{c}
\qquad\qquad\quad \text{O} \\
\qquad\qquad\quad \| \\
\text{H}_2\text{N}—\text{CH}—\text{C}—\text{OH} \\
\quad | \\
\quad \text{CH}_2 \\
\quad | \\
\quad \text{Se} \\
\quad | \\
\quad \text{Se} \\
\quad | \\
\quad \text{H}_2\text{C} \\
\quad | \\
\text{HO}—\text{C}—\text{CH}—\text{NH}_2 \\
\| \\
\text{O}
\end{array}
$$

硒代胱氨酸 [(SeCys)$_2$]

八

硒 之 代 谢

（一）植物中硒代谢

植物对硒的吸收依赖硫转运体，硒酸盐被吸收进入植物叶绿体细胞后被 ATP 硫酸化酶激活，形成 $5'$-磷酸硒腺苷（APSe）。在谷胱甘肽和 $5'$-磷硫酸腺苷还原酶的作用下，APSe 进一步还原生成亚硒酸盐（SeO_3^{2-}）。在植物叶绿体内经过半胱氨酸合成酶的作用，SeO_3^{2-} 生成硒代半胱氨酸（SeCys）。SeCys 进一步经过胱硫醚-γ-合成酶的作用合成硒代胱硫醚，然后经过胱硫醚-β-裂解酶的作用分解为硒代高半胱氨酸，最后完成硒代蛋氨酸（SeMet）的生物合成。SeMet 可经过高半胱氨酸甲基转移酶的作用生成硒甲基蛋氨酸（SeMM），随后SeMM 在甲基蛋氨酸水解酶的催化下可生成具有挥发性的二甲基硒化物。很多植物，尤其在非积聚硒植物中，硒大都以硒代氨基酸形式被结合于蛋白质上。

（二）动物中硒代谢

硒是动物必需的微量元素，硒的主要吸收部位是十二指肠，一切形式的硒都必须先转变成硒化物，然后以负二价形式形成有机硒，才能起营养生理作用。单胃动物较反刍动物吸收高，但瘤胃内的微生物能将日粮中的无机硒变成硒代胱氨酸和硒代甲硫氨酸，然后由十二指肠吸收。吸收的硒与血浆蛋白结合，分布全身各组织，并能通过胎盘进入胎儿，以肝、肾和肌肉含量最高，骨骼、血液含量最低。硒主要是经肾脏排泄，尿中排泄以三甲基硒化物为主，其排出量决定于体内的硒水平，且受食物的影响。体内硒吸收量剧增时，以二甲基硒和三甲基硒形式经肺排出。少数硒由胆汁、胰液和肠黏膜排入肠中，由粪便排出。

（三）微生物中硒代谢

微生物对硒的代谢主要包括硒的转运、还原、氧化、同化、甲基化等。微生物对可溶态硒的吸收转运通过一套硫酸盐 ABC 转运通透酶系统完成。变形菌门（Proteobacteria）、厚壁菌门（Firmicutes）和放线菌门（Actinobacteria）的很多微生物在无氧条件下均可以利用 SeO_4^{2-} 作为最终电子受体进行呼吸作用，将 SeO_4^{2-} 还原为 SeO_3^{2-}，最终还原为不溶性单质硒（Se^0）。Lipman 和 Waksman 于 1923 年首次报道了硒氧化细菌。2016 年，从湖北恩施土壤样品中分离到得一株柄杆菌可以将化学单质硒（Se^0）和含硒矿物（硒混合物）转化为亚硒酸盐（SeO_3^{2-}）。细菌、真菌和酵母均可以进行硒的生物甲基化，将硒酸盐或亚硒酸盐转化为二甲基硒化物（DMSe）和二甲基联硒化物（DMDSe）。硒在微生物细胞中可以被同化为硒氨基酸，包括 SeMet、硒代胱氨酸（SeCys）$_2$ 和 SeCys，并进一步参与硒蛋白的合成。SeCys 是第 21 种氨基酸，其密码子为 UGA，并有专门的 tRNA。

硒代半胱氨酸的合成过程（A：细菌；B：真核生物）见下图（张茂娜等，2017）

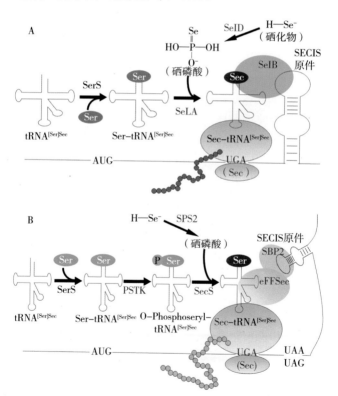

九

硒 之 科 研

（一）硒的生物学功能研究

1. 抗氧化作用。
2. 抗肿瘤作用。
3. 抗衰老作用。
4. 免疫调节作用。
5. 促进生长作用。

（二）土壤中硒的研究

1. 土壤中硒的含量及影响因素。

土壤成土母质　　　　　　　　气候环境

土壤质地　　土壤中硒含量的影响因素　　土壤酸碱度

土壤有机质　　　　　　　　土壤氧化还原电位

2. 土壤中硒的形态。

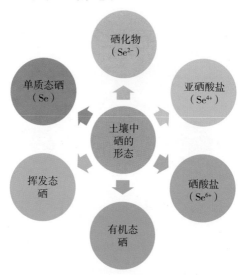

3. 土壤中生物有效硒（亚硒酸盐、硒酸盐和有机态硒）的迁移转化规律及影响因素。

4. 土壤中不同形态硒的空间分布特性、空间变异特性。

5. 富硒土壤的分类标准。

6. 微生物代谢硒：代谢硒的微生物类群、微生物代谢硒的分子作用机制（微生物对硒的转运及同化、微生物对硒的甲基化、微生物对硒的还原）。

（三）植物中硒的研究

1. 硒对植物的作用：抗氧化作用、对植物的抗逆性作用、对植物新陈代谢的作用、对植物生长发育的作用等。

2. 植物中硒的含量及影响因素。

土壤中硒的形态和含量

植物中硒含量的影响因素

植物种类

土壤条件

3. 植物中硒的形态（无机硒、有机硒及挥发态）。

4. 植物中不同形态硒的迁移、转化规律及影响因素。

5. 植物增加硒吸收和转化的途径和手段。

6. 植物对硒的吸收和转化调控机制。

7. 植物中硒的生理生化作用机制。

8. 富硒植物的种植技术及植物富硒机理。

9. 硒的生物强化与植物修复。

（四）动物中硒的研究

1. 硒在动物中的作用（抗氧化作用、防病抗病作用、免疫调节作用、提高繁殖能力、促进生长发育及改善肉质等）。

2. 动物中硒的形态（无机硒、有机硒）。

3. 动物中硒的代谢研究（硒的来源及形式、动物中的硒含量与分布、动物的硒代谢途径等）。

4. 动物的硒摄入量研究。

5. 动物对硒的吸收、转化和调控机制。

6. 富硒畜禽养殖技术及富硒机理研究。

（五）人体中硒的研究

1. 硒在人体中的作用：抗氧化作用、防癌抗癌作用、对重金属元素的拮抗作用、保护肝脏、防治心血管疾病等。

2. 硒在人体中的分布与存在形式。

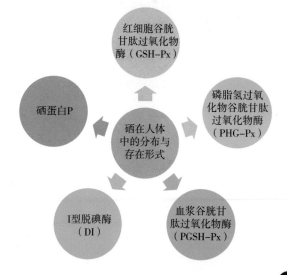

红细胞谷胱甘肽过氧化物酶（GSH-Px）

磷脂氢过氧化物谷胱甘肽过氧化物酶（PHG-Px）

硒蛋白P

硒在人体中的分布与存在形式

Ⅰ型脱碘酶（DI）

血浆谷胱甘肽过氧化物酶（PGSH-Px）

3. 人体的硒代谢研究：硒的来源及形式、人体硒含量与分布、硒代谢途径。

4. 人体的硒营养研究：硒的生物活化形式、硒摄入量与人体健康。

（六）硒形态的分析与检测技术研究

1. 提取技术：超声辅助萃取法、微波辅助萃取法、固相萃取法。

2. 分离技术：毛细管电泳法、气相色谱法、液相色谱法、离子色谱法。

3. 测定技术：分光光度法、液相色谱法、原子吸收光谱法、原子荧光光谱法、高效液相色谱—电感耦合等离子体原子发射光谱法、高效液相色谱—电感耦合等离子体质谱法。

（七）富硒种养规程与标准制定研究

1. 各种富硒农作物种植栽培技术规程国家标准、行业标准和地方标准制定。

2. 各种富硒畜禽养殖技术规程的国家标准、行业标准和地方标准制定。

3. 各种富硒农产品硒含量的国家标准、行业标准和地方标准研究。

4. 硒摄入量的标准研究。

十

硒 之 平 台

编号	所属地区	名　称	性质	主管单位
1	湖北武汉	硒科学与工程	学科平台	教育部
2	湖北武汉	国家富硒农产品加工技术研发专业中心硒成果第三方评价办公室	评估平台	武汉轻工大学
3	湖北武汉	国家富硒农产品加工技术研发专业中心（武汉轻工大学）	科研创新平台	农业农村部
4	湖北恩施	富硒生物食品开发与应用国家地方联合工程研究中心（湖北）	科技创新平台	国家发改委
5	陕西安康	富硒食品开发国家地方联合工程实验室	科研创新平台	国家发改委
6	陕西安康	农业农村部富硒产品开发与质量控制重点实验室	科研创新平台	农业农村部
7	山西太原	国家功能杂粮技术创新中心	科技创新平台	国家粮食与物资储备局
8	湖北武汉	湖北省富硒产业研究院	科研创新平台	湖北省人民政府

（续）

编号	所属地区	名　　称	性质	主管单位
9	广西南宁	广西富硒功能农业工程技术研究中心	科技创新平台	广西壮族自治区人民政府
10	北京	中国农业科学院食品工业研究所有机硒研究中心	科研创新平台	中国农业科学院
11	湖北恩施	湖北省富硒产业技术研究院	科研创新平台	湖北省科技厅、恩施州人民政府
12	江西宜春	江西省食品发酵研究所富硒食品工程技术研究中心	科研创新平台	江西省工业和信息化委员会
13	陕西安康	中国富硒产业研究院	科研创新平台	中国农业科学院、安康市人民政府
14	湖北恩施	湖北硒与人体健康研究院	科技创新平台	湖北省卫生健康委、恩施州人民政府
15	广西钦州	北部湾滨海富硒功能农业研究院	科技创新平台	广西壮族自治区教育厅
16	湖北恩施	恩施德源健康产业集团院士专家工作站	科研创新平台	湖北省科协
17	陕西安康	安康市富硒产品研发中心院士专家工作站	科研创新平台	陕西省科协
18	Berlin，Germany 德国柏林	Selenium Nutritional Research Center（SeN-RC）硒营养研究中心	科技创新平台	德国柏林市
19	湖北恩施	国家富硒产品质量监督检验中心	检测平台	国家质检总局

（续）

编号	所属地区	名　　称	性质	主管单位
20	安徽合肥	International Society for Selenium Research 国际硒研究学会	国际一级学术组织	美国南伊利诺伊州
21	湖北恩施	湖北省硒产业协会	社会团体	湖北省民政厅
22	湖北恩施	湖北省硒资源开发利用促进会	社会团体	湖北省民政厅
23	安徽合肥	安徽省富有机硒产业商会	社会团体	安徽省工商业联合会
24	广西南宁	广西富硒农产品协会	社会团体	广西壮族自治区农业农村厅
25	海南	海南省富硒食品行业协会	社会团体	海南省民政厅
26	河南郑州	河南省富硒农产品协会	社会团体	河南省供销合作总社
27	青海西宁	青海省富硒产业协会	社会团体	青海省民政厅
28	山东济南	山东省富硒农产品协会	社会团体	山东省民政厅

我国主要富硒平台分布情况

分布省份	平台数（个）
湖北	11
陕西	4
广西	3
安徽	2
其他地区	7

国家富硒农产品加工技术研发专业中心

National R&D Center For Se-rich Agricultural Products Processing Technology

中华人民共和国农业农村部

二〇一八年九月

十一

硒 之 产 业

硒产业是以硒为核心要素,以"硒+X"为发展模式,使一、二、三产业高度融合的新型战略产业。具体而言,是以富硒农业为基础,以富硒食品药品等产业化开发为支撑,以富硒康养、旅游业为延伸,实现多产业跨界融合,从而降低成本、推动产业升级、发挥综合叠加效应。

(一)"硒+X"是硒产业发展理念上的重构

按照供给侧结构性改革的要求,必须转变硒产业发展的思维方式,即以硒元素为主体,以其他种植、养殖、生产、加工、贸易、流通、旅游、金融、信息、健康、科技等为载体,将硒元素作为构成产品价格的核心要素,突出硒元素的重要作用和功能,同时严格执行质量控制和规范化生产,形成一种"硒+X"产业发展理念。

(二)"硒+X"是硒产业结构体系上的重构

从政策结构层面分析,国家提出推进健康中国建设大战略,全面健康工作重点从治病转向防病,催生了对大健康产品消费的增长，硒产业既属于大健康产业，又属于综合性经济产业。"硒＋X"理念的提出，打破了传统三层次产业结构划分方式，将硒产业作为一个既跨界融合、又相对独立的新兴产业体系，也顺应了国际社会已经模糊三层次产业结构分类的时代潮流。

（三）"硒＋X"是精准扶贫方式上的重构

"硒＋X"是以健康为价值取向的中高端供给，与传统产品相比，富硒产品具备更高的附加值和市场竞争力，能够更直接地带动农户增收致富。同时，按照"硒＋X"产业发展模式，积极探索多板块推进"硒＋农业""硒＋工业""硒＋旅游"等的发展，必将带来更多的财政投入、项目建设、融资政策，撬动全社会资金尤其是外来资金投向硒产业，可以有效促进社会就业，增加农民收入，实现农村富裕，与全国同步建成小康社会。

硒 之 标 准

（一）标准现状

1. 国家标准

截至 2018 年底涉硒国家标准约 200 余项，主要涵盖冶金、塑料、食品安全、矿藏、水质、饲料、空气和农副产品等领域。

2. 行业标准

涉硒行业标准主要为推荐性标准，涵盖代表行业特点的产品、检测以及中国居民膳食营养素参考摄入量等。

3. 地方标准

截至 2018 年底，公开可见的富硒地方标准约一百余项，主要涵盖富硒果蔬、富硒谷物、富硒中草药、富硒菌类等产品的硒含量、生产规范和技术规程等推荐性标准，以及部分安全标准。

4. 团体标准

团体标准是 2018 年 1 月 1 日新《标准化法》颁布实施后标准体系的重要补充，目前公开可见的涉硒团体标准主要涵盖产品、规程、检测方法和原料等。

5. 国际标准

目前国际上涉硒相关标准主要涉及水质、矿藏、冶金、饲料、涂料、大气环境等领域定性定量的检测方法标准等。

（二）硒元素摄入量

根据《中国居民膳食营养素参考摄入量》第 3 部分 "微量元素"，我国成人每天硒平均基础需要量为 $50\mu g$，推荐摄入量为 $60\mu g$，最高摄入量为 $400\mu g$。

（三）食品原料类及限量

1. 营养强化类

根据 GB 14880—2012《食品营养强化剂使用标准》，硒营养强化剂化合物来源及有可执行国家标准的如下：

GB 1903.9 亚硒酸钠、GB 1903.21 富硒酵母、GB 1903.12 L-硒—甲基硒代半胱氨酸、GB 1903.23 硒化卡拉胶、GB 1903.22 富硒食用菌、GB 1903.28 硒蛋白。

2. 保健食品类

截至 2018 年底，可作为备案制保健食品原料及有可执行国家标准的如下：GB 1903.9 亚硒酸钠、GB 1903.21 富硒酵母、GB 1903.12 L-硒—甲基硒代半胱氨酸。

类别	标准号	标准名称
国家标准 （示例）	GB 1903.21	食品营养强化剂　富硒酵母
	GB 1903.22	食品营养强化剂　富硒食用菌粉
	GB 1903.9	食品营养强化剂　亚硒酸钠
	GB 5009.93	食品中硒的测定
行业标准 （示例）	GH/T 1090	富硒茶
	GH/T 1135	富硒农产品
	NY/T 3115	富硒大蒜
	WS/T 578.3	中国居民膳食营养素参考摄入量第3部分：微量元素
地方标准 （示例）	DBS42/002	食品安全地方标准 富有机硒食品硒含量要求
	DB34/T 847	富硒大米
	DB61/T 508.6	富硒双低菜籽油
	DB63/T 1130	富硒娃娃菜

（续）

类别	标准号	标准名称
团体标准 （示例）	T/CAB CASA 0002	富硒农产品中硒代氨酸的测定（HPLC-ICP-MS）
	T/LYCBA 002	富硒鸡蛋
	T/HNFX 001	富硒农产品硒含量要求
	T/CHC 1001	植物源高有机硒食品原料

十三 硒 之 检 测

　　目前，测定环境和生物体中硒含量的方法主要有分光光度法、原子吸收法、荧光法、电感耦合等离子体质谱法、色谱法及联用技术等。其中，氢化物原子荧光光谱法、荧光分光光度法和电感耦合等离子体质谱法是现行国标中食品硒的推荐检测方法。当称样量为 1g，定容体积为 10mL 时，上述三种标准方法的检出限分别为 0.002mg/kg、0.01mg/kg 和 0.003mg/kg。鉴于自然界中硒元素形态的不同，对硒的检测常分步进行：首先分析样品中总硒和无机硒的含量，再利用差减法换算出有机硒的含量，即有机硒含量＝总硒含量－无机硒含量。对总硒含量进行测定时，食品样品一般需先进行酸热水解或微波消解前处理，将样品中的有机硒全部转化为无机硒。当待测样体积较小时，可利用样品消耗量少、检测准确度好、灵敏度高、分析速度快的各种联用技术对硒进行定性和定量分析。将液相/气相色谱与原子荧光光谱联用时，可对样品中不同种类和形态的有机硒（如各种硒代氨基酸等）进行分离测定；当液相色谱与电感耦合等离子体质谱联用时，可研究人血清中不同硒形态（价态）和浓度，检出限可达到 $0.3\mu g/L$。一般来说，实验室通常采用石墨炉原子吸收光谱法分析人体和动物体中的血硒水平。据报道，目前市场上已有快速检测血硒浓度的试剂盒问世。

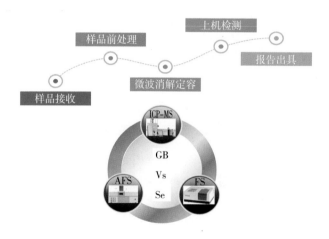

十四

硒 之 认 证

富硒产品认证，就是要使富硒产品进入市场前取得参与市场经济最基本的"鉴定书""通行证"，避免"将金子当铜卖"，避免被国内外市场"拒之门外"。

（一）硒认证之国内外发展现状

目前针对富硒/含硒/富含有机硒等产品或食品、富硒原料、富硒基地或产地的认证认可，在国内外均尚未形成统一的认证办法。

国际方面，美国食品和药物管理局（FDA）主要对富硒产品的公共安全性进行认定、欧盟食品安全局（EFSA）主要关注富硒产品对人类健康的功效评价。

国内方面，目前尚未建立一套统一完整健全的富硒认证体系，国家认证认可行业标准"富硒产品认证技术规范"尚处于讨论修订阶段，仍未正式发布。部分富硒农业较发达地区通过结合地区硒资源和产业优势，分别建立地域性富硒产品认证体系；第三方认证机构通过在中国认证认可监督管理委员会（CNCA）备案认证实施规则和认证标志等信息，也正在积极开展富硒产品的认证活动。

（二）国内各地区硒认证情况

根据报道和文献资料显示，全国共有 8 个省市区，通过以政府为主导、行业协会或认证机构合作等形式开展富硒食品/产品/产地认证工作，具体详见表 1。

（三）国内开展硒认证的第三方认证机构情况

截至 2019 年 6 月，国内在国家认监委（CNCA）（富硒食品认证实施规则）备案并可以进行富硒产品/食品认证的第三方认证机构共有 9 家，共备案认证规则 10 个，认证标志 9 个，参考依据或标准 355 个，见表 2 和表 3 所示。

（四）其他富硒产业组织

富硒产业、产品的联盟、协会等性质的非官方组织较多，组织规模参差不齐，其中代表性的组织机构见表 4 所示。

表 1　全国各地区富硒食品/产品/产地认证现状总结

地区	认证类别	认证范围及定义	认证依据	认证证书和标志要求	管理机构	标识
重庆江津	富硒农产品	富硒农产品是指"通过生长过程自然富集而非收获后人工添加硒的农产品"	重庆市地方标准《DB50/T 705—2016 富硒农产品》	通过认证机构认证《富硒产品认证实施规则》	重庆市质监局	
广西	富硒农产品	富硒农产品指非经外源添加、硒元素含量达到 DB45/T 1061—2014《富硒农产品硒含量分类要求》以及有关国家、行业标准规定的农产品及其初级加工品	DB45/T 1061—2014《富硒农产品硒含量分类要求》、《广西富硒农产品认定管理办法》；产品认证书及含量必须达到富硒土壤标准 $Se \geq 0.40mg/kg$；且富硒农产品必须符合无公害农产品质量要求	《广西认定证书及专用标志管理细则》(试行)	广西富硒农产品协会	

地区	认证类别	认证范围及定义	认证依据	认证证书和标志要求	管理机构	标识
陕西安康	富硒食品 富硒产品	富硒食品，系天然富硒食品、人工补硒食品不在本办法调整范围；富硒产品，系指富硒饲料、富硒专用肥、富硒食用菌培养基、富硒烟叶等各类富硒产品	DB61/T 556—2012《富硒食品与其相关产品硒含量标准》；DB 6124.01—2009《富硒食品硒含量分类标准》	《安康市富硒食品产品认证及专用标志管理办法》	安康市富硒食品产品专用食品监督管理委员会办公室	
湖北恩施	硒产品	硒产品指经检测证明含有微量元素硒的产品，包括直接种植（养殖）的农、林、牧、渔等农副产品以及以此为原料经过生产、加工的食品、保健品、化妆品、饲料、肥料等产品	GB 28050—2011《食品安全国家标准预包装食品营养标签通则》；DBS/002—2014《富有机硒食品硒含量要求的规定》	《恩施土家族苗族自治州硒产品专用标志管理办法》	中国恩施硒产品专用标志管理办公室	

（续）

地区	认证类别	认证范围及定义	认证依据	认证证书和标志要求	管理机构	标识
山东	富硒农产品	富硒农产品必须在绿色农业基础上按照《富硒农产品生产技术规程》生产，富硒食品必须是以富硒农产品为主要原料加工，且硒含量符合规定的区间值要求的产品	《富硒农产品生产技术规程》	《关于建设富硒农产品质量追溯平台体系的实施方案》《山东省富硒农产品产业管理制度规范》	山东省富硒农产品专业委员会	
青海海东市平安区	富硒农畜产品	富硒农畜产品，系自然含硒的富硒农畜产品。人工补硒农畜产品不在本办法管理范围	DB63/T 1147—2012《东部农业区农畜产品硒含量分类标准》；且销售的富硒农畜产品产自本县域富硒土壤区域内	《平安县富硒农畜产品专用标志管理办法》	平安县高原富硒现代农业示范园区管委会办公室	

（续）

地区	认证类别	认证范围及定义	认证依据	认证证书和标志要求	管理机构	标识
宁夏吴忠	富硒农产品产地；富硒产品	在自然环境条件下，不依赖人工补硒，生产出硒含量达到标准要求的农产品	《吴忠市富硒农产品产地和产品认证办法》《DB64/T 1221—2016 宁夏富硒农产品标准》、《DB64/T 1220—2016 宁夏富硒土壤标准》	—	吴忠市硒产业工作领导小组	—
江西	富硒食品	动植物中自然含有的，其硒含量达到标准要求的食品原料及其制品	DB36T 566—2017 富硒食品硒含量分类标准			

表2 具有国家认监委（富硒食品／产品／稻合认证实施规则）备案的认证机构

	认证机构	认证类别	认证领域	认证项目	认证规则编号	认证规则名称	发布时间	认证标志
1	重庆金质量认证有限公司	产品认证	PV03 富硒产品认证实施规则	其他食品农产品认证	JZC－WI－521—2016	富硒产品认证实施规则	20170407	
2	中标合信（北京）认证有限公司	产品认证	PV01 富硒稻合认证规则	其他自愿性工业产品认证	CSCAPV0 111－01—2017	富硒稻合认证规则	20170519	
3	上海英格尔认证有限公司	产品认证	PV03 富硒产品认证实施规则	其他自愿性工业产品认证	ICAS03－fxcp 2018	富硒产品认证实施规则	20180329	
4	新疆中信中联认证有限公司	产品认证	PV03 富硒产品认证规则	其他食品农产品认证	CTJC－GZ02 2018	富硒产品认证实施规则	20180331	—
5	全球绿色联盟（北京）食品安全认证中心	产品认证	PV01 富硒食品认证实施规则	其他食品农产品认证	GGUFC－GZ 3001—2018	富硒食品认证规则	20180515	

（续）

	认证机构	认证类别	认证领域	认证项目	认证规则编号	认证规则名称	发布时间	认证标志
6	中国质量认证中心	产品认证	PV01富硒产品认证实施规则	其他食品农产品认证	CQC76-000201-2018	富硒产品认证实施规则	20180630	
7	北京中合金诺认证中心有限公司	产品认证	PV01富硒产品认证实施规则	其他食品农产品认证	COIC-YJCY-002	富硒产品认证实施规则	20180824	
8	方圆标志认证集团有限公司	产品认证	PV01富硒产品认证规则	其他食品农产品认证	CQM16-AOC0 01-2018	富硒产品认证规则	20180915	
9	中正国际认证（深圳）有限公司	产品认证	PV01富硒产品认证实施规则	其他食品农产品认证	ZOZEN-RSPR 01:2019	富硒产品认证实施规则	20190606	

注：认证领域分类 PV01：农林（牧）渔·中药；PV03：加工食品、饮料和烟草。

表3 CNCA备案的富硒产品/食品/稻谷 第三方认证机构的依据标准/技术规范

序号	机 构	依据标准分类	依据标准	依据标准名称	依据标准编号	依据标准发布单位
1	重庆金质质量认证有限公司	CTS	技术规范	富硒产品认证技术规范	CTS JZC/W1－520－2017	重庆金质质量认证有限公司
2	中标合信（北京）认证有限公司	GB/T	国家标准	富硒稻谷	GB/T 22499－200	中华人民共和国国家质量监督检验检疫总局 中国国家标准化管理委员会
3	上海英格尔认证有限公司	DB61/	地方标准	富硒食品硒含量分类标准	DB61/24.01－2010	安康市质量技术监督局
4	新疆中信中联认证有限公司	CTS	技术规范	富硒产品认证技术规范	CTS CTJC-GF02－2018	新疆中信中联认证有限公司
5	全球绿色联盟（北京）食品安全认证中心					

321项详见 http://cx.cnca.cn/CertECloud/rules/skipRulesList

（续）

序号	机 构	依据标准分类	依据标准	依据标准名称	依据标准编号	依据标准发布单位
6	方圆标志认证集团有限公司	50项详见 http://cx.cnca.cn/CertECloud/rules/skipRulesList				
7	中国质量认证中心	CTS	技术规范	富硒产品 第1部分：质量控制体系	CTS 7601.1—2018	中国质量认证中心
7	中国质量认证中心	CTS	技术规范	富硒产品 第2部分：产品质量要求	CTS 7601.2—2018	中国质量认证中心
8	北京中合金诺认证中心有限公司	OT_GR	团体标准	富硒农产品	OT_GR T/OAIA 0001—2018	北京有机农业产业联盟
9	中正国际认证（深圳）有限公司	CTS	技术规范	富硒产品质量控制规范	CTS RSPC01：2019	中正国际认证（深圳）有限公司

注：CTS（certification technical specifications）认证技术规范。

表 4 国内其他富硒产业组织

组织名称	组织简称	组织方	标识	备注
中国富硒产业发展联盟 China Se-rich Industrial Development Alliance	CSIDA	安徽中志土壤研究院集团有限公司，芬兰国家技术研究中心（VTT）等	Se	http://www.zkgnny.org/index.asp
中国富硒农业产业技术创新联盟 China Technology Innovation Alliances of Se-enriched Agriculture 中国富硒农业联盟	—	中国产学研合作促进会 中国农业大学 等	A	http://www.fxnylm.com/
全国特色产业品牌文化建设联盟富硒食品工作委员会	—	（国家）食品行业生产力促进中心 等		开展中国富硒食品标识评定 http://www.gjlksp.com/news/110.html

（续）

组织名称	组织简称	组织方	标识	备注
富硒委（中国农业技术推广协会富硒农业技术专业委员会）China Agro-technological Extension Association	CATEA	中农硒科富硒农业技术研究院 等		全国富硒产品防伪溯源系统 http://fx.fuxi360.org/fxsp/index/tn/fxcxdncx.html.
中国健康富硒食品产业联盟	—	国食品工业协会花卉食品专业委员会 等		http://www.chfiu.com/
国家富硒农产品产业技术创新战略联盟	—	中国科学院 等	—	—
中国富硒产业联盟 China Se Industry Alliance	CSIA	清华大学指导	—	—

十五

硒 之 产 品

（一）含硒或富硒农产品

含硒或富硒农产品是指在富含硒的土壤环境中天然生长，或通过硒营养强化方法种植或养殖生产出的农作物或农产品，其中硒含量达到含硒或富硒农产品的标准要求。我国至今已开发富硒农产品的省份有：湖北、贵州、黑龙江、陕西、山东、浙江、安徽、江苏、辽宁、四川、江西、天津等 10 多个省市。

1. 含硒或富硒植物类农产品

含硒或富硒植物类农产品中开发利用比较成熟的有：含硒或富硒茶叶、大米、玉米、大豆、小麦、魔芋、甘薯、蔬菜瓜果（含土豆）等 100 多种。

2. 含硒或富硒动物类农产品

含硒或富硒动物类农产品包括含硒或富硒肉（牛、猪、羊、鸡）、乳品、蛋品、蜂蜜、水产品等。

3. 含硒或富硒食用菌类农产品

含硒或富硒食用菌产品涉及含硒或富硒香菇、花菇、灵芝、黄丝菌、灰树花、蛹虫草、松茸、羊肚菌等。

（二）含硒或富硒普通食品

市面上已售的天然含硒或富硒普通食品种类繁多，主要分为富硒矿泉水（如鹤碘硒泉、真硒水、硒都山泉等）、富硒植物蛋白片或饮料（如硒萃、硒肽、怡能硒宝、富硒蛋白质粉、富硒核桃露）、富硒复方功能饮料（如圣硒肽保、硒多宝、硒凤饮）等。

（三）含硒或富硒保健食品

在原料运用上，富硒保健食品原料主要为亚硒酸钠、硒酵母和硒化卡拉胶。目前，亚硒酸钠是应用最多的原料，随着对有机硒研究的深入，近年来开发者们更倾向于采用富硒酵母和硒化卡拉胶为原料。

（四）含硒或富硒中药材

据权威部门检测证实，恩施高硒点的中药材含硒量高出其他地区药材含硒量508.3倍。富硒药材主要有板党、窑归、鸡爪黄连、黄芪、杜仲、贝母、贯叶连翘等。

（五）含硒或富硒提取物

包括硒蛋白、富硒茶多酚、富硒植物黄酮、富硒多肽、富硒多糖等。

（六）硒之日用品

涉及富硒茶杯、富硒炊具、富硒化妆品、富硒牙膏等。

硒 之 市 场

（一）硒产业的万亿级大市场

我国有 70％ 地区缺硒，因此从全民补硒的角度来讲，我国需要补硒的人群在 70％ 以上，即 9.7 亿人需要补硒，按照膳食摄入量计算，全民每年需要补硒 18 835 吨。各地富硒农产品产值可观，仅湖北省恩施州的硒产业年产值在 500 亿以上，陕西安康地区的硒产业年产值在 700 亿元以上。此外，安徽、广东、福建、陕西、广西、重庆、青海等省区都在大力发展富硒产业。考虑中高端补硒产品和含硒药品的市场份额，我国每年的硒市场份额在 10 万亿元以上。

（二）硒之市场发展历程

硒之食药市场先后经历了硒盐补充剂、富硒农产品补硒和富硒生物制品三个市场发展阶段。

硒盐阶段：硒盐补充剂从 1966 年开始至今，以亚硒酸钠片为主要剂型。经过十余年的防控试验，中国在 1980 年正式宣布，硒是控制克山病的有效手段。

富硒农产品阶段：中国从20世纪90年代以来就逐渐兴起富硒农产品对人体补充硒元素的相关产业发展。湖北恩施在全国率先实施"硒＋X"产业发展模式，并推出富硒茶、富硒马铃薯、富硒大米等富硒农产品及富硒农产品深加工产业。在2011年，由国际人与动物微量元素大会授予其"世界硒都"称号，与此同时，其他地区也不遗余力创建硒产业与市场品牌。

富硒生物制品阶段：即通过生物技术手段生产富硒生物制品或富硒食品药品原料。目前硒市场已经出现了硒化卡拉胶、富硒酵母、硒蛋白提取物、富硒茶多酚、富硒植物多糖、有机硒胶囊、口服液及饮料等富硒原料或产品。

（三）硒之市场未来走向

硒的产品未来将走向三个方向：

一是平价富硒产品，一般以富硒食品为主，主要目的是日常补硒。

二是富硒特膳食品，通过生物技术手段生产的有机硒含量高的食品，如硒蛋白口服液、硒肽口服液，主要用于亚健康调理和相关疾病干预。

三是富硒药品，如富硒氨基酸注射液、富硒免疫球蛋白、富硒抗癌药等，可直接用于临床治疗。富硒药品包括传统药品富硒换代和富硒新药。

十七

硒之品牌

品牌即战略，战略即方向。打造硒品牌就是确立企业长期、整体性的发展方向。打造硒品牌就是让企业和产品与众不同，形成核心竞争力。现将已发展起来的国内硒品牌简述如下：

1. 湖北省恩施州：世界硒都、恩施硒茶、恩施硒土豆。

2. 陕西省安康市：中国硒谷、安康富硒茶。

3. 陕西省紫阳县：紫阳富硒茶。

4. 湖南省桃源县：中国十大富硒之乡、中国硒乡·硒望桃源、桃花源·硒湘汇。

5. 宁夏回族自治区吴忠市：中国塞上硒都。

6. 广西壮族自治区贵港市：中国硒港、贵港富硒米、西山富硒茶。

7. 福建省连城县：中国客家硒都、莲乡硒遇。

8. 福建省诏安县：中国长寿之乡、中国海峡硒都、富硒八仙茶、富硒青梅。

9. 福建省寿宁县：中国硒锌绿谷。

10. 福建省大田县：中国高山硒谷。

11. 青海省平安区：中国十大富硒之乡、高原硒都、河湟硒都。

12. 黑龙江省宝清县：寒疆硒谷、富硒食品之都。

13. 黑龙江省海伦市：中国黑土硒都。

14. 江西省丰城市：中国长寿之乡、中国生态硒谷、富硒茶油、富硒大米。

15. 广西壮族自治区巴马瑶族自治县：中国长寿之乡。

16. 重庆市江津区：中国长寿之乡、中国生态硒城。

17. 贵州省开阳县：中国十大富硒之乡、开阳富硒茶、开阳富硒枇杷。

18. 四川省万源市：真硒万源。

19. 安徽省石台市：中国生态硒都、石台富硒茶、石台硒茶、石台硒米。

20. 广西壮族自治区凌云县：中国长寿之乡。

硒 之 文 化

硒文化是一种先进的文化，是具有极强包容性的文化，是与农耕文化、健康文化、科技文化、绿色文化、唯美文化、小康文化、和谐文化等七大主流文化相融合的大文化。

以农耕文化为引导，依托富硒土地资源，发展特色富硒产业，生产天然富硒产品，结合开展乡村旅游和田园体验，传承传统农业的优秀文化基因。

以健康文化为引导，积极探索硒与人体健康的关系，发现不同硒应用与硒产品的健康价值，形成硒健康养生文化环境，着力把富硒资源转化为健康资本。

以科技文化为引导，用科技瓶颈的突破和成果的转化来改变人民的生产生活，比如实现产品开发的定向化，生产质量的标准化，功能分类的精准化，消费需求的普遍化，实现科技文明成果共享。

以绿色文化为引导，切实转变产业发展理念，不走开矿提炼无机硒的老路，而是顺应自然规律，从大自然中获得呵护人类健康的生物有机硒，实现产业永续发展。

以唯美文化为引导，全面加强硒科普，展现硒的可亲与神奇，科学地认识硒、应用硒、补充硒，让硒在更多、更广的领域造福于人类。

以小康文化为引导，立足资源特色、产业基础、发展环境等要素实际，出台配套支持政策，着力解决硒产业发展不平衡、不充分的问题，实现以硒产业为代表的健康产业均衡发展，满足人们对美好生活向往的需求。

以和谐文化为引导，开展对硒和人类发展的哲学社会学研究，从硒元素与自然万物的和谐存在、硒产业与传统产业的和谐相融、硒生物学作用机理与大健康理念的和谐相通，营造出硒的和谐使者形象，以硒文化助力和谐社会建设。

十九

硒 之 科 普

发展硒产业要解决富硒产品的营销难题。其首要任务是要解决国民科学补硒的教育问题。让人民群众了解硒，认知硒，重视硒，科学补硒，建立硒的标准，保障富硒食品安全。关于硒的宣传教育工作具体呈现形式为：

(一) 硒传媒

出版的优秀书籍：程水源主编的《硒与恩施》、《硒科学普及52问》及《硒学导论》；王福俤和多尔夫·哈特菲尔德联合编写的《硒：分子生物学与人体健康（中文版）》等。

硒新闻：多次登上央视及地方卫视，在央视的《新闻联播》《夕阳红》《天涯共此时》《发现之旅》等节目都有硒的身影和硒的科普。

此外，与硒相关的 SCI 文章、科普文章近年来成井喷式发展。

(二) 硒博会

恩施州政府已经连续举办 5 届世界硒都全国富硒

产品博览交易会，先后有 45 个国家和地区，一千多位专家学者参加。硒博会旨在推介、展销全国硒产品，宣传、普及硒知识，促进特色农业发展，加强经济交流合作，举行高峰论坛分享硒领域中最新的研究成果。

（三）硒活动

由中国保健协会科普教育分会主办，恩施州硒资源保护与开发局、湖北省硒产业协会协办，恩施德源健康科技发展有限公司具体承办的中国"科学补硒·健康生活"公益宣传活动于 2014 年在全国范围内正式拉开序幕。该活动遍及全国 21 个省、4 个自治区、4 个直辖市，在全国 200 多个大中城市举行大中型科普活动 6 000 余场，200 多家媒体大力宣传报道。全国各科普执行单位组织小型科普活动达 15 万场次，直接影响超过 200 万个家庭，参与人数高达 6 亿人次。

（四）硒教育

2018 年武汉轻工大学与恩施德源集团建立首个国家农产品富硒加工中心，武汉轻工大学设立全国首个硒科学与工程学科；还有各类硒产业培训班。

硒 之 规 划

省区市	地区	硒产业规划名称	发布机构	发布时间	发文层级	备注
湖北		湖北省富硒产业发展规划（2014—2020）	湖北省人民政府	2014.09	省级	
	恩施州	恩施州硒产业发展"十三五"规划	恩施州人民政府	2016.05	地市级	
陕西	安康市	安康市富硒产业总体规划（2016—2020）	安康市人民政府	2017.04	地市级	
广西	贵港市	贵港市富硒产业发展规划（2018—2022）	贵港市人民政府	2018.05	地市级	
江西	宜春市	宜春市富硒产业发展规划（2018—2022）	宜春市人民政府	2019.02（评审时间）	地市级	未见正式发文
宁夏	吴忠市	吴忠市富硒产业五年发展规划（2016—2020）	吴忠市人民政府	2016	地市级	无原文

（续）

省区市	地区	硒产业规划名称	发布机构	发布时间	发文层级	备注
宁夏	中卫市	中卫市富硒产业发展推进方案	中卫市人民政府	2018.07	地市级	
重庆	江津区	江津区富硒产业发展规划 2014—2020	江津区人民政府	2014	地市级	无原文
河北	承德市	承德市功能农业产业发展规划（2019—2025）	承德市人民政府	2019.05（评审时间）	地市级	未见正式发文
湖南	桃源县	湖南桃源县富硒功能农业发展总体规划（2017—2025）	桃源县人民政府	2017.09（评审时间）	县级市	未见正式发文
安徽省	石台县	石台县"十三五"富硒产业发展规划	石台县人民政府	2017.11（评审时间）	县级市	未见正式发文
黑龙江	海伦市	海伦市富硒功能农业产业总体规划	海伦市人民政府	2018.11（评审时间）	县级市	未见正式发文
福建	连城县	"中国客家硒都"富硒产业发展规划（2017—2026）	连城县人民政府	2018.12（评审时间）	县市级	未见正式发文
贵州	开阳县	开阳县硒产业发展规划（2019—2023）	开阳县人民政府	2019.03（评审时间）	县级市	未见正式发文

（续）

省区市	地区	硒产业规划名称	发布机构	发布时间	发文层级	备注
广东	连州市	广东省连州市富硒产业发展总体规划（2018—2028）	连州市人民政府	2019.03（评审时间）	县级市	未见正式发文

硒之规划
——在"硒"望的田野上...

二十一 硒之学科

武汉轻工大学以食品科学与工程、药学、化学工程与技术、工商管理的力量为主体，联合国内在硒学研究与工程开发已经具备一定优势的机构和人员，率先设置独立的硒科学与工程学科，组建交叉学科学术团队。

硒科学与工程学科是以研究硒资源分布、硒化学及生物学基础、硒功能特征、硒产品开发、硒产业发展、硒文化挖掘等为主要内容，融合自然科学与社会科学，服务于大健康产业的应用性交叉学科。

武汉轻工大学硕士学位授予权学科一览表			
自设二级学科（交叉学科）硕士点名称	学科代码	所属学科门类	授权时间
硒科学与工程	99J1	交叉学科	2018年

二十二

硒之英文

1. 硒　　　　　　　Selenium，Se
2. 无机硒　　　　　Inorganic Selenium
3. 有机硒　　　　　Organic Selenium
4. 纳米硒　　　　　Nano-selenium
5. 生物硒　　　　　Biological Selenium
6. 植物有机硒　　　Plant organic selenium
7. 植物活性硒　　　Plant active selenium
8. 生物纳米硒　　　Biological nano-selenium
9. 土壤硒　　　　　Soil selenium
10. 硒蛋白　　　　　Selenoprotein
11. 硒酶　　　　　　Selenoenzyme
12. 硒酵母　　　　　Selenium yeast
13. 硒多糖　　　　　Selenium polysaccharide
14. 硒多肽　　　　　Selenium peptide
15. 硒核酸　　　　　Selenium nucleic acid
16. 硒代半胱氨酸　　Selenocysteine，SeCys
17. 硒代蛋氨酸　　　Selenomethionine
18. 亚硒酸钠　　　　Sodium selenite
19. 硒酸钠　　　　　Sodium selenate

20. 二氧化硒　　　Selenium dioxide

21. 硒粉　　　　　Selenium powder

22. 硒矿　　　　　Selenium ore

23. 螯合硒　　　　Chelated Selenium

24. 硒化合物　　　Selenium compound

25. （超）聚硒　　（Hyper）polymerized selenium

26. 富硒　　　　　Selenium-rich

27. 硒源　　　　　Selenium source

28. 硒肥　　　　　Selenium fertilizer

29. 硒含量　　　　Selenium content

30. 硒形态　　　　Selenium form

31. 硒学科　　　　Selenium science discipline

32. 硒资源　　　　Selenium resources

33. 硒产业　　　　Selenium industry

34. 硒产品　　　　Selenium product

35. 硒标准　　　　Selenium standard

36. 富硒食品　　　Selenium-rich food

37. 硒产业 4.0 时代　Selenium industry 4.0 era

38. 硒＋X　　　　Selenium＋X（selenium derived industries）

39. 硒矿床　　　　Selenium deposit

40. 硒与健康　　　Selenium and health

41. 科学补硒　　　Scientific selenium supplementation

42. 世界硒都　　　World selenium capital

43. 中国硒谷　　　　　China's selenium valley

44. 高原硒都　　　　　Plateau selenium capital

45. 塞上硒都　　　　　Frontier selenium capital

46. 客家硒都　　　　　Hakka selenium capital

47. 海峡硒都　　　　　Strait selenium capital

48. 克山病　　　　　　Keshan disease

49. 大骨节病　　　　　Kashin-Beck disease（KBD）

50. 施瓦茨奖　　　　　Schwartz Award

51. 硒产品博览交易会　Selenium Products Expo

52. 富硒功能农业　　　Selenium-rich Functional Agriculture

53. 国家富硒农产品加工技术研发专业中心　National R&D Center for Se-rich Agricultural Products Processing

54. 国家富硒产品质量监督检验中心　National Center for Quality Supervision and Inspection of Se-rich Products

55. 农业农村部富硒产品开发与质量控制重点实验室　Key Laboratory of Se-rich Products Development and Quality Control，Ministry of Agriculture and Rural Affairs

56. 富硒食品开发国家地方联合工程实验室　National & Local Joint Engineering Laboratory of Se-rich Food Development

57. 中国富硒产业研 China Selenium‐rich Industrial
　　究院 Research Institute
58. 国际硒研究学会 International Society for
　　 Selenium Research

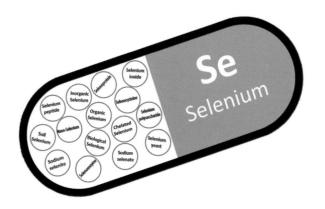

二 十 三

硒 之 未 来

1. 中国的硒产业上升为国家战略

通过一系列科学规划、精准设计、合理统筹、高效运作，促进硒产业扩规提档升级，引领硒产业最终发展上升到国家战略。

2. 对硒的认识全世界会形成科学的共识

硒与人体健康息息相关，它是主宰人类生命最重要的微量元素之一。随着对硒相关研究的深入，硒功能、硒与环境、硒与人类健康等一系列科学问题的答案将被揭示，全世界对硒的认识将深化与趋同。

3. 科学补硒、精准补硒与个性化补硒变成现实

如何补硒最好，是全民补硒还是按需补硒？什么是最适合自己状态的补硒方式？随着全民对硒与健康知识体系的不断更新与完善，更多消费者将实现科学补硒和个性化补硒，达到康体延寿的目的。

4. 硒标准化体系构建基本完成并将日益完善

硒标准化体系的基本框架、分类及相关技术法律法规，以及大部分涉硒的国家标准、行业标准和地方标准已经制定，后期相关标准化体系的构建将以科学性、合理性及适用性为导向最终建立并不断完善达到全覆盖。

5. 硒品牌价值更加凸现

在保持以地域资源为卖点的区域公有品牌属性不变的情况下，培养龙头企业，构建有文化特质的企业品牌，并精心打造产品品牌，把三者有机结合、效应叠加、质量升华，形成有核心竞争力的硒品牌，使硒品牌价值远远大于产品本身。

6. 硒产业与大健康产业对接形成万亿级的产业

通过硒产业与大健康产业对接，努力把地质资源优势变为经济优势。目前，硒产业已经成为助推大健康产业的连接者，富硒产业集群已成为地方经济新的增长极。不久的将来，可持续发展的硒产业必将成为万亿级体量的蓝海市场。

7. 硒文化内涵被深入挖掘，硒文化影响日益彰显

现阶段文化的影响力已经全面渗透到社会生活的各个领域，文化产业已成为部分发达国家贸易的主导产业。以健康要素为核心的硒文化内涵必将进一步被挖掘出来，硒文化产品日益丰富，硒文化产业效益彰显，硒文化影响力誉满全球。

8. 硒产业奔向 4.0 时代

硒产业 4.0，实质就是"硒＋X"的升级版或无极版。硒可游离于载体单独发挥出效益，独立成为产业。另硒产业也可融合各大产业于无形中，丰富

化、多元化、个性化和大众化的产品与人们生活紧密相连，且均为高端的有效供给。正是硒产业与大健康产业的无缝对接，最终将迈向硒的 4.0 时代。

参 考 文 献

常改，孙美玲．微量元素硒与肿瘤及心脑血管疾病［J］．中国慢性病预防与控制，2004，12（4）：191-193．

陈锦平，刘永贤，曾成城，等．植物对土壤硒的吸收转化研究进展［J］．生物技术进展，2017，7（5）：421-427．

陈明涛．小鼠硒蓄积性毒性试验及其残留测定研究［D］．雅安：四川农业大学，2009．

陈清，卢国．微量元素与健康［M］．北京：北京大学出版社，1989．

程水源．供给侧改革背景下硒资源特色开发的路径思考——以恩施州为例［J］．湖北农业科学，2016，55（17）：4362-4365．

程水源．硒与产业［M］．长沙：湖南科学技术出版社，2016．

程水源．硒与健康［M］．长沙：湖南科学技术出版社，2016．

程水源．硒与科研［M］．长沙：湖南科学技术出版社，2016．

杜玉潇，李亚男，陈大清．植物硒代谢积累及相关酶的研究进展［J］．热带亚热带植物学报，2007，15（3）：269-276．

段序梅．硒代谢及其抗癌作用的生化机理［J］．国外医学医学地理分册，1999，20（2）：52-54．

范中学．外环境低硒与大骨节病［J］．微量元素与健康研究，2005，22（6）：64．

方成俊，潘迎芬，黄东锋，等．硒叶面肥对大米和茶叶中硒含量的影响［J］．现代农业科技，2019（4）：15-16．

苟黎红，吴丛雅．高硒与疾病关系的研究进展［J］．国外医学（地理分册），2005，26（3）：106-108.

郭玲．含硒的谷胱甘肽过氧化物酶与人类健康的关系［J］．微量元素与健康研究，2002，19（1）：69-72.

贺建忠．硒中毒的研究进展［J］．饲料研究，2007（6）：37-38.

胡良．利用 HPLC-ICP-MS 联用技术研究血清中硒的形态［D］．衡阳：南华大学，2011.

胡文彬，贾彦博，魏琴芳，等．应用液相色谱——原子荧光联用仪测定富硒大米中的 5 种硒形态［J］．分析仪器，2019（1）：120-124.

黄先亮，屠大伟，朱永红，等．食品安全元素形态分析联用技术的应用［J］．中国调味品，2014，39（5）：134-140.

姜磊．土壤中硒的研究［J］．地球，2013（6）：62-63.

姜英，曾昭海，杨麒生，等．植物硒吸收转化机制及生理作用研究进展［J］．应用生态学报，2016，27（12）：4067-4076.

李海鹏，钱小平，袁新跃．杭州富阳农村地区土壤和主要农产品中硒含量分析［J］．中国卫生检验杂志，2017（13）：126-127.

李海蓉，杨林生，谭见安，等．我国地理环境硒缺乏与健康研究进展［J］．生物技术进展，2017，7（5）：381-386.

李嘉敏，尤博宁，戴佳佳，等．孕期铅及铅硒联合暴露对大鼠全血中铅、硒等 6 种元素水平的影响［J］．中国卫生检验杂志，2017（7）：10-13.

李景岩，张爱君．硒与心血管疾病［J］．中国地方病防治杂志，2007，22（6）：424-426.

刘梦霞，于景华．牛奶、婴儿配方奶粉中硒元素的形态研究进展［J］．中国乳品工业，2017，45（12）：27-29，42．

刘仲伟，牛小麟，高登峰．硒与心脏疾病［J］．心脏杂志，2013，25（1）：96-99．

陆奕娜，林文，李冠斯，等．硒形态分析研究进展［J］．分析试验室，2018，37（4）：480-487．

陆肇海，陈元明．硒在抗病毒中的作用［J］．中国食物与营养，2003（7）：41-42．

莫东旭，丁德修，王治伦，等．硒与大骨节病关系研究20年［J］．中国地方病防治杂志，1997（1）：18-21．

庞伟．硒缺乏对健康的影响［J］．广东微量元素科学，2006，13（8）：54．

彭祚全．国内硒产业研究与开发现状［DB/OL］．中国天然硒资源网，2015-04-07．

秦冲，施畅，万秋月，等．高效液相色谱——电感耦合等离子体质谱联用检测土壤中的无机硒形态［J］．岩矿测试，2018，37（6）：664-670．

秦玉燕，王运儒，时鹏涛，等．叶面喷硒对茶树叶片硒及矿质元素含量的影响［J］．南方农业学报，2019（3）：622-627．

施桂芳，张江，李红娟．微量元素硒与相关疾病的营养治疗［J］．微量元素与健康研究，2001，18（4）：51-52．

史德浩，卞建春，任建新，等．亚硒酸钠对镉中毒预防和治疗的研究［J］．江苏农学院学报，1995（1）：57-61．

宋崎．土壤和植物中的硒：土壤地球化学的进展与应用［M］．北京：科学出版社，1983．

檀艳萍．元素硒纳米颗粒抑制小鼠肝癌细胞增殖的尺寸依赖性［D］．合肥：安徽农业大学，2017．

王爱国，夏涛，余日安，等．硒拮抗甲基汞神经毒性的实验研究 [J]．环境与健康杂志，2001（5）：268 - 269．

王娟，尹洁，孟焕平，等．硒对铅暴露孕鼠胎盘损伤拮抗作用 [J]．中国公共卫生，2007（10）：1229 - 1231．

王治伦．大骨节病 4 种病因学说的同步研究 [J]．西安交通大学学报（医学版），2005（1）：1 - 7．

魏复盛，陈静生，吴燕玉，等．中国土壤环境背景值研究 [J]．环境科学，1991（4）：12 - 19．

夏奕明．中国人体硒营养研究回顾 [J]．营养学报，2011，33：329 - 333．

肖志明，宋荣，贾铮，等．液相色谱——氢化物发生原子荧光光谱法测定富硒酵母中硒的形态 [J]．分析化学，2014（9）：1314 - 1319．

欣华．我国富硒农产品开发成效显著 [J/OL]．中国食品报网，2019 - 5 - 7．

徐巧林，吴文良，赵桂慎，等．微生物硒代谢机制研究进展 [J]．微生物学通报，2017，44（1）：207 - 216．

颜超，方位，李小平，等．克山病病情现状和病因学进展 [J]．心血管病学进展，2017，38（2）：225 - 229．

杨婷，张夏兰，丁晓雯．元素形态对食品安全影响的研究进展 [J]．食品与发酵工业，2018，44（10）：295 - 303．

于维汉．克山病 100 年——回顾与展望 [J]．中华地方病学杂志，2004，23（5）：395 - 396．

袁丽君，袁林喜，尹雪斌，等．硒的生理功能、摄入现状与对策研究进展 [J]．生物技术进展，2016，6（6）：396 - 405．

曾静，罗海吉．微量元素硒的研究进展 [J]．微量元素与健康研究，2003（2）：52-56.

翟晓娜. 壳聚糖纳米硒体系的制备及其物化特性和生物活性的研究 [D]. 北京：中国农业大学，2017.

张茂娜，姜亮，张焱. 硒代谢网络与硒蛋白质组的生物信息学研究进展 [J]. 生物技术进展，2017，7（5）：537-544.

赵德超，梁雨亭，田野. 克山病的诊治进展 [J]. 临床心血管病杂志，2017（4）：300-303.

周云，刘忠荣. 硒与人体健康 [J]. 微量元素与健康研究，2002，19（4）：79-80.

朱慧，邵雷，陈代杰，等. 富硒酵母中硒赋态的研究 [J]. 工业微生物，2016，46（6）：59-64.

朱玉山，黄开勋，徐辉碧. 硒化合物的拟胰岛素作用 [J]. 生命的化学，2001（1）：28-30.

Ahsan U，Kamran Z，Raza I，Ahmad S，Babar W，et al. Role of selenium in male reproduction a review [J]. Animal Reproduction Science，2014，146（1-2）：55-62.

Alehagen U，Alexander J，Aaseth J. Supplementation with Selenium and Coenzyme Q10 reduces cardiovascular mortality in elderly with low Selenium status [J]. A Secondary Analysis of a Randomised Clinical Trial. PLoS One，2016，11（7）.

Beatriz G，Teresa P，Fernanda M，et al. Silac-based quantitative proteomic analysis of Lactobacillus reuteri CRL 1101 response to the presence of selenite and selenium nanoparticles [J]. Journal of Proteomics，2019（195）：53-65.

Burke M P，Opeskin K. Fulminant heart failure due to selenium deficiency cardiomyopathy（Keshan disease）[J].

Medicine Science & the Law, 2002, 42 (1): 10.

Chambers I. The structure of the mouse glutathione peroxidase gene: the selenocystine in the active site is encoded by the " termination" codon, TGA [J]. EMBO J, 1986, 5 (6): 1221 - 1227.

Chang C Y, Yin R S, Wang X, et al. Selenium translocation in the soil-rice system in the Enshi seleniferous area, Central China [J]. Science of the Total Environment, 2019 (669): 83 - 90.

Chasseur C, Suetens C, Nolard N, et al. Fungal contamination in barley and Kashin-Beck disease in Tibet [J]. Lancet, 1997, 350 (9084): 1074.

Eich-Greatorex S, Sogn T A, Ogaard A F, et al. Plant availability of inorganic and organic selenium fertilizer as influenced by soil organic matter content and pH [J]. Nutrient Cycling in Agroecosystems, 2007, 79 (3): 221 - 231.

Elrashidi M A. Chemical equilibria of selenium in soils: a theoretical development [J]. Soil Science, 1987, 144 (2): 141 - 152.

Fairweather-Tait S J, Yongping B, Broadley M R, et al. Selenium in human health and disease [J]. Antioxidants & Redox Signaling, 2011, 14 (7): 1337 - 1383.

Flohe L, Günzler W A, Schock H H. Glutathione peroxidase: A selenoenzyme [J]. FEBS Letters, 1973, 32 (1), 132 - 134.

Forstrom J W, Zakowski J J, Tappel A L. Identification of the catalytic site of rat liver glutathione peroxidase as selenocysteine [J]. Biochemistry, 1978, 7 (13): 2639 - 2644.

Garousi F. The essentiality of selenium for humans, animals, and plants, and the role of selenium in plant metabolism and physiology [J]. Acta Universitatis Sapientiae, Alimentaria, 2017 (10): 75 - 90.

Guo C H, Hsia S, Hsiung D Y, Chen P C. Supplementation with Selenium yeast on the prooxidant-antioxidant activities and anti-tumor effects in breast tumor xenograft-bearing mice [J]. The Journal of Nutritional Biochemistry, 2015, 26 (12): 1568 - 1579.

Guo X, Ma W J, et al. Recent advances in the research of an endemic osteochondropathy in China: Kashin-Beck disease [J]. Osteoarthritis & Cartilage, 2014, 22 (11): 1774 - 1783.

Huang G X, Ding C F, et al. Characteristics of Time-Dependent Selenium Biofortification of Rice (Oryza sativa L.) [J]. Journal of agricultural and food chemistry, 2018, 66 (47): 12490 - 12497.

Ingold I, Berndt C, Schmitt S, Doll S, Poschmann G, et al. Selenium utilization by GPX4 is required to prevent hydroperoxide-induced ferroptosis [J]. Cell, 2018, 172 (3): 409 - 422.

Khoso P A, Yang Z, Liu C, Li S. Selenium deficiency downregulates selenoproteins and suppresses immune function in Chicken Thymus [J]. Biol Trace Elem Res,

2015，167（1）：48－55.

Li X，Ma L，Zheng W，Chen T. Inhibition of islet amyloid polypeptide fibril formation by selenium-containing phycocyanin and prevention of beta cell apoptosis［J］. Biomaterials，2014，35（30）：8596－8604.

Maseko T.，Callahan D. L.，Dunshea F. R.，Doronila A.，Kolev S. D.，Ng K. Chemical characterisation and speciation of organic selenium in cultivated selenium-enriched Agaricus bisporus［J］. Food Chemistry，2013（14）：3681－3687.

Mills G C. Hemoglobin catabolism. I. glutathione peroxidase，an erythrocyte enzyme which protects hemoglobin from oxidative breakdown［J］. The Journal of Biological Chemistry，1957，229（1）：189－197.

Mills G C. Hemoglobin catabolism. I. glutathione peroxidase，an erythrocyte enzyme which protects hemoglobin from oxidative breakdown［J］. The Journal of Biological Chemistry，1957，229（1）：189－197.

Muhammad U F，Tang，Z C，Zeng R，et al. Accumulation，mobilization，and transformation of selenium in rice grain provided with foliar sodium selenite［J］. Journal of the Science of Food and Agriculture，2019，99（6）：2892－2900.

Navarro-Alarcon M，Cabrera-Vique C. Selenium in food and the human body：a review［J］. Science of the Total Environment，2008，400（1）：115－141.

Navarro-Alarcón，M C López-Martínez. Essentiality of selenium in the human body：relationship with different diseases［J］.

Science of the Total Environment，2000，249（1）：347 -
371.

Patching S. G，Gardiner P. H. E. Recent developments in
selenium metabolism and chemical speciation：a review［J］.
Journal of Trace Elements in Medicine and Biology，1999
（13）：193 - 214.

Philip J W. Selenium Metabolism in Plants［J］. BBA General
Subjects，2018：S0304416518301387.

Rotruck J T，Pope A L，Ganther H E，Swanson A B，
Hafeman D G，Hoekstra W G. Selenium：biochemical role
as a component of glutathione peroxidase［J］. Science，
1973，179（4073）：588 - 90.

Shamberger R J. Biochemistry of Selenium［M］. New York：
Plenum Press，1983.

Sieber F，Muir S A，Cohen E P，Fish B L，Mäder M，et
al. Dietary selenium for the mitigation of radiation injury：
effects of selenium dose escalation and timing of
supplementation［J］. Radiation Research，2011，176（3）：
366 - 374.

Singh M. Adsocption and desorption of selenite and selenite
selenium on different soils［J］. Soil Science，1981，132
（2）：134 - 141.

Speckmann B，Schulz S，Hiller F，Hesse D，Schumacher F，
et al. Selenium increases hepatic DNA methylation and
modulates one-carbon metabolism in the liver of mice［J］.
The Journal of Nutritional Biochemistry，2017（48）：112 -
119.

Stroud J L, McGrath S P, Zhao F J. Selenium speciation in soil extracts using LC-ICP-MS [J]. International Journal of Environmental Analytical Chemistry, 2012, 92 (2): 222 - 236.

Sun W, Wang X, Zou X, et al. Selenoprotein P gene r25191g/a polymorphism and quantification of selenoprotein P mRNA level in patients with Kashin-Beck disease [J]. British Journal of Nutrition, 2010, 104 (9): 1283 - 1287.

Sun Y, Zhou C, Huang S, Jiang C. Selenium polysaccharide SPMP-2a from pleurotus geesteranus alleviates H_2O_2-induced oxidative damage in HaCaT Cells [J]. Biomed Research International, 2017 (2): 1 - 9.

Tolu J, Di Tullo P, Le Hecho I, et al. A new methodology involving stable isotope tracer to compare simultaneously short and long-term selenium mobility in soils [J]. Analytical and Bioanalytical Chemistry, 2014, 406 (4): 1221 - 1231.

Tolu J, Hecho Le, Bueno I M, et al. Selenium speciation analysis at trace level in soils [J]. Analytica Chimica Acta, 2011, 684 (1 - 2): 126 - 133.

Wang C, He M, Chen B B, et al. Polymer monolithic capillary microextraction on-line coupled with ICP-MS for determination of inorganic selenium species in natural waters [J]. Talanta, 2018 (188): 736 - 743.

Xiong G, Diagnostic, clinical and radiological characteristics of Kashin-Beck disease in Shaanxi Province, PR China [J]. International Orthopaedics, 2001, 25 (3): 147 - 150.

Yin H Q, Qi Z Y, Li M Q, et al. Selenium forms and methods of application differentially modulate plant growth, photosynthesis, stress tolerance, selenium content and speciation in Oryza sativa L [J]. Ecotoxicology and environmental safety, 2019 (169): 911 – 917.

Zeng Y, Zhou Z, et al. X-ray image characteristics and related measurements in the ankles of 118 adult patients with Kashin-Beck disease [J]. Chinese Medical Journal, 2014, 127 (13): 2479 – 2483.

Zhang H Q, Zhao Z Q, Zhang X, et al. Effects of foliar application of selenate and selenite at different growth stages on Selenium accumulation and speciation in potato (Solanum tuberosum L) [J]. Food chemistry, 2019 (286): 550 – 556.

Zhang J S, Wang X., Xu T. Elemental selenium at nano size (Nano-Se) as a potential chemopreventive agent with reduced risk of selenium toxicity: Comparison with semethylselenocysteine in mice [J]. Toxicological Sciences, 2008, 101 (1): 22 – 31.

Zhu S L. Biological effect of selenium and its research advances [J]. Bulletin of Biology, 2004, 39 (6): 6 – 8.

Zhu X, Lu Y. Selenium supplementation can slow the development of naphthalene cataract [J]. Current Eye Research, 2012, 37 (3): 163 – 169.

Zhu Y G, Elizabeth A H, et al. Selenium in higher plants: understanding mechanisms for biofortification and phytoremediation [J]. Trends in Plant Science, 2009, 14 (8): 436 – 442.